ASTROLOGÍA ZODIACAL PARA PRINCIPIANTES

APRENDE LO BÁSICO DE LOS SIGNOS ZODIACALES, DESCUBRE EL VERDADERO ORIGEN DEL ZODIACO Y MUCHO MÁS

Jorge O. Chiesa

Derechos de autor 2019© Jorge O. Chiesa

Todos los derechos reservados. Ninguna parte de esta publicación puede ser reproducida o distribuida en ninguna forma ni por ningún medio, electrónico o mecánico, incluyendo fotocopias, grabaciones, o por ningún sistema de almacenamiento o recuperación de información, sin el consentimiento previo por escrito de los autores.

Primera Edición

Índice

Introducción 4
Historia de la astrología 8
    Signos del zodíaco 13
Las casas de la astrología 20
    Características de los signos zodiacales 23
Un poco más sobre las casas 28
    Herramientas de la astrología 31
Los cuentos populares de la astrología 35
    Tipos de astrología, según la región 39
Conclusión 43

Introducción

La astrología ha sido considerada como algo diferente a las diferentes personas. Algunos individuos lo ven como la predicción del futuro, mientras que otros ven la astrología como la guía para el encuentro de la vida diaria. Independientemente de la situación, esto se considera como el hecho observable que proporciona perspectivas a un reino de la vida a través de un nivel más único y más creativo. Da una buena comprensión de la existencia de la gente en este mundo. Obtenga toda la información que necesita aquí.

> ➤ *Astrología*

Los significados y símbolos en Astrología definen todas las habilidades energéticas de una persona para tener éxito y prosperar. Esto es realmente diverso cuando se trata de su magnitud para dar información e inspiración a los seguidores. No significa necesariamente que una persona deba ser observadora en asuntos religiosos sólo para darse cuenta de la esencia de la Astrología. De hecho, hay varias maneras en las que las personas pueden utilizarlo en sus vidas.

El primer paso para hacerlo es aprender sobre los signos básicos del signo. Es el mes en que nacieron lo que puede dar una visión general de sus disgustos, gustos y de toda su personalidad.

La astrología puede ser percibida en varios lentes. Los planetas que siguen girando alrededor juegan un papel importante en la influencia de la Astrología. El misterio y la belleza astrológica pueden ser una prueba de que esto está en constante movimiento.

Básicamente, la Astrología está compuesta por los signos del horóscopo, los 12 signos del zodíaco. Cada uno representa los meses de un año calendario. Representan el símbolo definitivo de cada personalidad individual.

Estos horóscopos dan una salida única a los deseos individuales. Representan claridad, atractivo y oportunidad para la vida de las personas. Además, están generando el nivel de conciencia de una persona en un nivel espiritual.

La astrología también puede enseñar las maneras de mejorar y desarrollar uno para ser un individuo feliz y contento. También recomienda el tipo de carreras y trabajos que pueden fomentar el desarrollo y el crecimiento como persona.

Este puede ser un tema simple o complicado de entender dependiendo de la forma en que un individuo lo tome. Por lo tanto, lo más esencial aquí es estar informado de la varianza de la oportunidad de conocimiento en la esfera de la comunidad astrológica.

Esto es realmente eterno y no hay

respuestas finitas para algunas cosas. Por el contrario, los fundamentos de la Astrología han sido los hechos cotidianos que se pueden aprender como algo totalmente nuevo. Esta es la práctica altamente cualificada que no pierde conocimiento. El conocimiento puede convertirse en un poder cuando una persona se compromete plenamente.

Los conceptos astrológicos hacen que muchas personas en el mundo se interesen y sientan curiosidad sobre cómo trabajan realmente en sus vidas. El conocimiento básico sobre astrología puede dar un cambio significativo en la forma en que una persona ve la vida y sus encuentros diarios.

Para empezar, tome nota de la colección de detalles que se da a continuación y sea guiado en todo momento.

Historia de la astrología

La astrología está compuesta por varios sistemas de adivinación de acuerdo a la premisa de la relación entre los eventos del mundo humano y los fenómenos astronómicos. Varias culturas han integrado la esencia de los eventos astronómicos.

Los chinos, los mayas y los indios habían creado los elaborados sistemas de predicción de los eventos terrestres que se producían a través de las observaciones celestiales.

En algunos países occidentales, la astrología suele estar compuesta por el sistema del horóscopo que explica los aspectos de la personalidad de una persona; al mismo tiempo, predice eventos futuros de acuerdo con las posiciones de la luna, el sol y los objetos planetarios durante su nacimiento.

> ### *La transición de la astrología*

En la antigua Babilonia, la astrología ha sido practicada por los sacerdotes para descifrar la voluntad de los dioses. A partir de aquí, los griegos lo adoptaron y confían en los oráculos y las estrellas para pronosticar los acontecimientos en el futuro.

Los hindúes lo habían explorado desde el 5000 a.C. hasta el 3000 a.C. Desarrollaron algunos signos similares que la gente está usando ahora en el presente.

Los egipcios fueron los que utilizaron la astrología por primera vez para predecir el carácter de la persona de acuerdo a su fecha de nacimiento. En Egipto, en el año 4300 a.C., se descubrieron los mapas estelares. Los chinos desarrollaron el sistema astrológico en el año 2800 a.C.

Los griegos habían influido en la astrología de los egipcios a través de lo que habían aprendido de los babilonios. Por otro lado, Ptolomeo había escrito un libro de astrología que contiene las prácticas actuales de uso de casas, signos y planetas.

La astrología se había convertido en un aspecto esencial de la cultura de varios pueblos antiguos. Augusto, el gobernante romano (63 a.C. a 14 d.C.) creó monedas que adornan a Capricornio, su signo zodiacal astrológico. Más tarde, el

Los persas y los árabes siguieron las enseñanzas de la astrología, incluyendo otras ciencias como la medicina y las matemáticas de los griegos. Estas prácticas han sido compartidas con los europeos durante el siglo XII y han allanado el camino para el Renacimiento. La mayoría de los astrónomos musulmanes y persas habían refutado esta preocupación por razones religiosas y científicas.

➢ *El declive*

La astrología comenzó a declinar en su popularidad después de la caída de Roma. Los cristianos afirmaban que había sido una obra del diablo, ya que la Iglesia había crecido en poder; estas personas habían asumido la práctica de la astrología para usos personales. Por ejemplo, Santo Tomás de Aquino creía que los planetas controlan todas las cosas. Durante el Renacimiento, la astrología volvió a ser favorable. El siglo XVII se convirtió en el Siglo de las Luces, en el que comenzó a tener logros científicos. Por primera vez, la astrología se convirtió en dos disciplinas distintas.

➢ *El avivamiento*

Permaneció en un segundo plano hasta que el interés se reavivó a principios del siglo XX. En 1930, EE.UU. creó un famoso programa de astrología que se transmitió por radio. Con el tiempo, despertó el interés de la gente. En la actualidad, no es de extrañar que el líder internacional consulte a las estrellas. Algunos se niegan a creer en las predicciones, mientras que muchos se toman esto muy en serio.

Signos del zodíaco

La astrología ha estado trabajando con la Energía de la Constelación en el espacio exterior. La luz que viene de la constelación (signo de Astrología) está volando hacia el espacio exterior. Golpea al Sol, se mezcla con la luz y golpea a la Tierra. Por ejemplo, aquellos que nacieron entre el Planeta Tierra y el signo de Piscis/Constelación, significa que Piscis es su signo astrológico.

Señales de sol: Los signos del zodíaco, fortalezas y debilidades

Hay 12 signos solares diferentes presentes según la astrología china. Han sido asignados de acuerdo con el signo del zodiaco donde se encuentra el Sol durante el nacimiento de una persona. Estos signos dan detalles sobre la personalidad única del individuo. Abajo están los doce signos del zodiaco y los fundamentos de su tipo de personalidad y emociones.

➤ *Aries*

Es la persona que nació entre el 21 de marzo y el 30 de abril y su símbolo es el carnero, mientras que el fuego es su elemento. El planeta que gobierna Aries es Marte. Las fortalezas clave de una persona Aries son la energía, la confianza, la aventura y el coraje. Ser impaciente, egocéntrico, impulsivo y de mal genio son las debilidades.

➤ *Tauro*

Las personas de Tauro son aquellas que nacieron entre el 21 de abril y el 21 de mayo. El símbolo asignado a Tauro es el Toro, mientras que su planeta gobernante es Venus y la Tierra es el elemento. Sus puntos fuertes son la fiabilidad, la fuerza emocional y física, la compasión, la fiabilidad y la lealtad. Sus debilidades incluyen la agresividad, la aversión a enfrentar los cambios, la terquedad y la sensibilidad.

> ### *Géminis*

Las personas Géminis son aquellas que nacieron entre el 22 de mayo y el 21 de junio. Su símbolo son los Gemelos, su planeta dominante es Mercurio y el elemento es el Aire. Los puntos fuertes de Géminis son la curiosidad, la flexibilidad, las buenas habilidades de comunicación y la jovialidad. Las debilidades son la inquietud, la gestión del tiempo, el egoísmo y las personalidades confusas.

> ### *Cáncer*

El cáncer es la persona que nació entre el 22 de junio y el 33 de julio. El cangrejo es su símbolo, el agua es el elemento y la luna es su planeta dominante. Los puntos fuertes de este signo son la empatía, el apego genuino a la familia, la adaptabilidad y la lealtad. Las debilidades del cáncer son la sensibilidad, la indecisión, los arrebatos emocionales y el mal humor.

➤ *Leo*

Las personas Leo son aquellas que nacieron entre el 24 de julio y el 23 de agosto. Su símbolo es el León, el Sol es el planeta gobernante y el Fuego es el elemento. Sus fortalezas son la honestidad, el optimismo, la naturaleza energética, la amabilidad, la lealtad y el gran corazón. Sus debilidades incluyen el egoísmo, la personalidad dominante, los celos y la posesividad.

➤ *Virgo*

Las personas que estuvieron entre el 24 de agosto y el 23 de septiembre tienen el signo de Virgo. La Virgen es su símbolo, la Tierra es el elemento y Mercurio es su planeta gobernante. Sus fortalezas incluyen realismo, confiabilidad, paciencia, sinceridad, perfección y practicidad. Las debilidades de Virgo son inquietas, demasiado críticas y carentes de demostraciones.

➤ *Libra*

Las personas Libra nacieron entre el 24 de septiembre y el 23 de octubre y el equilibrio es su símbolo. Venus es su planeta gobernante y el Aire es el elemento. Las fuerzas de Libra son ser cariñoso, amoroso, de naturaleza social, paciente, gregario, alegre, equilibrado y enérgico. Sus debilidades incluyen la indulgencia, el exceso de sensibilidad, las emociones, el descuido y la indecisión.

> ***Escorpio***

Aquellos que nacieron entre el 22 de octubre y el 21 de noviembre tienen a Escorpio como su signo y a un Escorpión como su símbolo. El agua es su elemento y Plutón es el planeta que gobierna. Sus fortalezas son la confiabilidad, la paciencia, el cuidado, la mistificación, la lealtad y la pasión.

Las debilidades de Escorpio son demasiado egoístas, sensibles, testarudas, y las personas que nacen bajo este signo pueden ponerse celosas fácilmente.

➢ *Sagitario*

Una persona de Sagitario nace entre el 23 de noviembre y el 21 de diciembre. Archer es el símbolo, el fuego es el elemento, y el planeta gobernante es Júpiter. Sus puntos fuertes son la ligereza, las excelentes habilidades de comunicación, el intelectualismo, la franqueza y la honestidad. Las debilidades incluyen la inquietud, la naturaleza coqueta, propensa a los cambios y la lengua aguda.

➢ *Capricornio*

El Capricornio nació entre el 22 de diciembre y el 20 de enero con el símbolo de Sea Goat. El elemento Capricornio es la Tierra y Saturno es su planeta gobernante. Las fortalezas son ser confiable, sincero, leal, trabajador, con una fuerte fuerza de voluntad y responsable. Sus debilidades son de temperamento corto, introvertido y ligeramente obstinado.

➢ *Acuario*

Las personas que nacieron entre el 21 de enero y el 19 de febrero tienen el signo de Acuario. El portador de agua es su signo; el aire es su elemento, y un planeta gobernante de Urano. Sus fortalezas incluyen bondad, practicidad, inteligencia, amabilidad y compasión. Sus debilidades son ser inflexibles, impredecibles y no les gusta comprometerse.

➢ *Piscis*

El Piscis nace entre el 20 de febrero y el 20 de marzo. El pescado es su signo, el agua es el elemento, y Neptuno es su planeta gobernante. Los puntos fuertes de Piscis son la memoria aguda, el desinterés por las cosas materiales, la intuición y la empatía. Las debilidades son la nostalgia, la inflexibilidad, los cambios de humor y la sensibilidad.

Las casas de la astrología

Una carta natal se compone de 12 piezas, cada una de las cuales representa una experiencia de vida. Estas son las "casas" de la astrología. El signo del planeta Zodíaco muestra las formas en que ha sido dirigido. La ubicación de la casa del planeta muestra la vida real en la que se desarrolla.

¿Qué son las Casas?

- Casa de Marte y Aries (Primera Casa) - todos ascendentes esenciales (Sol Naciente) y la primera impresión del mundo.
- Casa de Venus y Tauro (Segunda Casa) - la provincia de la inventiva, el progreso constante y lento, y la estabilidad.
- Casa de Mercurio y Géminis (Tercera Casa) - la casa de la tribu

familiar, intercambios de vecinos, viajes cortos, educación y más.

✓ Casa de Luna y Cáncer (Casa Cuarta) - arena de raíces ancestrales, Madre, sentido de hogar, inconsciente y familia.

✓ Casa del Sol y Leo (Quinta Casa) - la arena de las relaciones amorosas, relacionadas con los niños, la autoexpresión y la vida amorosa.

✓ Casa de Quirón o Mercurio y Virgo (Casa Sexta) - real de la rutina de servicio de la vida plena y saludable. La arena de la dieta, el trabajo diario y el ejercicio.

✓ House of Venus and Libra (Casa de Venus y Libra) - tiene estilo, tenor e incluso lecciones de relaciones importantes, incluyendo negocios, amistad y matrimonio.

✓ Casa de Plutón y Escorpio (Octava Casa) - escenario de la regeneración por sexo, así como de los períodos de renacimiento y muerte personal.

✓ Casa de Júpiter y Sagitario (Casa Novena) - casa de búsqueda de conocimiento, exploración, viajes y educación superior.

✓ Casa de Saturno y Capricornio (Décima Casa) - arena de ambiciones de carrera y autoridad personal.

✓ Casa de Urano y Acuario (Casa Once) - casa de redes, corrientes colectivas y amistades.

✓ Casa de Neptuno y Piscis (Casa Doce) - casa de realidades ocultas.

Características de los signos zodiacales

Muchas personas en todo el mundo lo encuentran más interesante y más interesante cuando leen las características del signo del zodiaco. La mayoría de las veces, eventualmente comparaban si tenían la misma personalidad con la declaración indicada en su signo. Para tener mejor y más claro los significados o características del signo del zodíaco, siga leyendo.

➢ **El carnero** (Aries)

Aries demuestra una energía que proporciona una impresión vibrante y excitante. Su optimismo y entusiasmo los hacen líderes natos e irresistibles. Sus zonas erógenas son la cara y la cabeza con diamante como piedra de nacimiento.

➢ **El Toro** (Tauro)

Sus cualidades de ser pacientes, perseverantes y confiables conducen al éxito en la obtención de sus sueños. Su determinación y fortaleza inspiran a otras personas a confiar en ellos. La garganta y el cuello son sus zonas erógenas y la esmeralda es la piedra de nacimiento. Les encantan las comodidades de una buena vida y tienen un fuerte deseo de tener su propia seguridad.

➢ **Los Gemelos** (Géminis)

Las personas Géminis tienen que compartir y comunicar sus ideas. También sienten curiosidad por todas las cosas. El romance resulta emocionante e intrigante ya que tienen talento e imaginación. Hombros, brazos y manos son las zonas erógenas, mientras que el ágata es su piedra angular.

➢ **El Cangrejo** (Cáncer)

Las personas con cáncer siempre están

dispuestas a dar nutrición emocional a través de la maternidad a aquellos que lo necesitan. Sus zonas erógenas son el estómago y los senos, y la perla es la piedra de nacimiento.

> ***El León*** (Leo)

Los Leos tenían verdadero amor por el placer y la vida. Pequeños o grandes, generalmente gobiernan sus propios reinos y prosperan con la atención y el drama. La columna vertebral y la espalda son sus zonas erógenas y el rubí es su piedra de nacimiento.

> ***La Virgen*** (Virgo)

Están recolectando información y la aplican en usos prácticos. Es difícil para ellos hablar con extraños y relajarse. El zafiro es su piedra de nacimiento y el ombligo y el estómago son las zonas erógenas.

> ***Las Escalas*** (Libra)

Libras da el regalo de hacer que la gente

se sienta importante y cautiva el encanto. Su piedra de nacimiento es ópalo y las zonas erógenas son las nalgas y la parte baja de la espalda.

> ***El Escorpión*** (Scorpio)

Son el conjunto de contradicciones que abarcan lo peor y lo mejor de los seres humanos. Están gobernados por las emociones pero son apasionados en todas las cosas. Topacio es su piedra de nacimiento y los genitales son las zonas erógenas.

> ***El Centauro*** (Sagitario)

Los sagitario pertenecen a las personas simpáticas del zodíaco. Irónicamente, han sido delgados de piel y se lastiman fácilmente a través de acciones irreflexivas o comentarios de otros. Los muslos y las caderas son las zonas erógenas, y la turquesa es la piedra de nacimiento.

> ***La Cabra*** (Capricornio)

Estas personas son naturalmente ambiciosas. Han sido motivados por el deseo de estatus, posición, dinero y éxito. Las rodillas son las zonas erógenas y el granate es su piedra angular.

> ***El Portador de Agua*** (Acuario)

Han sido personas poco ortodoxas y originales que no siguen a la multitud. Eran pensadores independientes con ambiciones significativas e importantes. Los tobillos y las pantorrillas son sus zonas erógenas. Su piedra de nacimiento es la Amatista.

> ***El pez*** (Piscis)

Piscis es el último signo zodiacal que se centra en la reencarnación, el renacimiento espiritual y la eternidad. Son capaces de mirar profundamente en la psique humana. Los pies son sus zonas erógenas y la Aguamarina es la piedra de nacimiento.

Un poco más sobre las casas

Primera Casa - más sobre uno mismo y la apariencia. Implica cuán impulsiva es una persona y cómo se inicia.

Segunda Casa - se refiere a posesiones y ganancias. Esto especifica cómo la gente gasta y gana su dinero, su actitud hacia las posesiones materiales y de riqueza, y el potencial para acumular estas cosas.

Tercera Casa - los parientes; la comunicación que se extiende al entorno inmediato de una persona, como los vecinos, los viajes cortos y los hermanos.

Casa Cuarta - se refiere al hogar y a cosas integradas a él como fundaciones personales, tierra, raíces y familia.

Quinta Casa - sobre ser uno mismo y cómo disfrutarla.

Sexta Casa - involucra la calidad del

trabajo, la calidad de los trabajos realizados como lo que se opone a la carrera real (representada por la décima casa).

Séptima Casa - abarca cualquier relación de uno a uno como contratos, sociedades comerciales, matrimonio, relaciones de cooperación, demandas, enemigos abiertos, separación, divorcio y disputas.

Octava casa - Casa de los Ocho - comúnmente malentendida casa. Se trata de sanación y transformación. Gobierna las cosas y los procesos en los que las personas se vuelven más poderosas a medida que se transforman.

Novena Casa - involucra las experiencias que una persona encuentra mientras busca diferentes significados de tales cosas.

Décima Casa - su objetivo es el éxito para el estatus social y el honor. Esto influye mucho en la carrera y en la reputación del público en general.

Undécima Casa - se trata de la regulación, la libertad, la autorrealización y la legislación.

Duodécima Casa - se trata del subconsciente y del yo oculto que existe aparte de la realidad física. Esta casa involucra las cosas que pueden alejar a las personas de su vida diaria: secretos, lugares de confinamiento, instituciones, auto-sacrificio y enemigos ocultos.

Herramientas de la astrología

Hay varias herramientas que se usan típicamente en astrología. Algunas de estas herramientas que son ampliamente utilizadas hoy en día son los sistemas de astrología y el sistema de tarot. Si observas a los psíquicos mientras hacen su trabajo, verás que la mayoría de ellos están usando cartas del tarot y una bola de cristal. Ambas herramientas se hicieron populares entre estas personas durante mucho tiempo. Por lo tanto, no es sorprendente ver estas cosas cuando se visita a un psíquico.

La imagen de la bola de cristal sufrió de parodia durante años. Por otro lado, la mayoría de los astrólogos lo usan porque han descubierto que es una herramienta muy útil. A lo largo de la década anterior, se ha reconocido que una bola de cristal es una herramienta seria y efectiva para usar en astrología.

Las cartas del Tarot también son usadas por la mayoría de los astrólogos hoy en día. Estos también son reconocidos como una de las opciones más populares para la mayoría de los adivinos. Hay varios diseños y estilos para elegir. La mayoría de los astrólogos los utilizan y se conforman con un diseño particular en el que se sienten cómodos. De esta manera, podrán aprender la manera correcta de interpretar las imágenes y los patrones de la manera más efectiva.

Los cristales se clasifican como una de las otras herramientas que pueden ser útiles en astrología. Los psíquicos canalizarán el mundo espiritual sobre la limpieza de estas gemas.

También, encontrarás algunos astrólogos que se dedican a usar hojas de té que están entre las herramientas populares para ser usadas en la canalización de la energía psíquica. Una vez más, la imagen de la misma se ha visto ligeramente dañada por la burla a lo largo de los años. Estas hojas son obra del psíquico que lee su patrón.

Hay algunos que utilizan otros elementos que tienen el mismo efecto con las herramientas mencionadas anteriormente. Usted puede ver que algunos psíquicos usarán piedras y runas que arrojan sobre una superficie. Ellos adivinarán el significado de determinar la forma en que cayeron así como su conexión entre ellos.

Algunas de las herramientas utilizadas en astrología tienden a ser más inusuales y personales para un astrólogo en particular. Puede ser algo que él o ella posee por un período de tiempo bastante largo que le permitirá concentrarse y canalizar la capacidad psíquica que él o ella tiene.

Todo viene con la posibilidad y el poder de ser empleado por un astrólogo para ganar concentración y hacer una conexión con el mundo espiritual. Hay veces que un adivino hace uso de algunos artículos que tienen un valor sentimental que proviene de sus clientes. Estos artículos le ayudarán a ver y aprender lo que podría sucederle en los próximos años en su vida.

La más valiosa de todas las herramientas que se usan en astrología es el conocimiento así como las habilidades que un astrólogo posee. Estas herramientas como la bola de cristal y las cartas del tarot serán inútiles si la persona que las usa no tiene el poder innato. Sólo sirven como la manera más eficiente de ayudar a un astrólogo a concentrarse para obtener resultados precisos.

Los cuentos populares de la astrología

La astrología está cubierta de misterio y encontrarás que hay varias historias que hablan de ella. Un astrólogo puede contarte más sobre esto.

Él o ella puede compartir diferentes historias sobre algo que siempre está relacionado con la astrología. Él o ella podría tener las historias que son buenas para todo tipo de estaciones, personas y muchos más.

Estas historias no están ahí para entretenerte, sino para expresar algo. Estas historias tienen la intención de transmitir algunos mensajes que pueden ser misteriosos en algún momento del tiempo.

Sin embargo, la astrología siempre será

parte de estas historias. Un ejemplo de una historia que se puede obtener es sobre Moon.

Cuando se trata de astrología, la Luna pertenece a cierto tipo de personalidad. Es la persona multifacética que actúa de manera diferente en casa, pero es profesional cuando se trata de trabajar. Tiene que estar preparado para las diferentes situaciones que puedan prevalecer en un momento dado.

Un astrólogo puede contarle más al respecto. Moon actúa como representante de la conciencia colectiva que tiene la mente humana. Significa que una mente obsesionada no presta atención a la perspicacia.

Usualmente, la mente trata de exigir compasión de otros, como aquellas personas que han sido influenciadas por las noches oscuras.

Además, sobre astrología, aprenderás más historias populares que hablan de un componente particular de ella. Si tratas de aprender y obtener más información sobre astrología, encontrarás que hay veintisiete constelaciones como las 27 esposas que tiene la Luna. También aprenderás que hay 2 noches de alojamiento. El primero es el llamado Uno Brillante mientras que el otro es Oscuro.

También debes saber que hay 1 Amavasya y Poornima cada mes. La Luna posee una constelación particular y se llama Rohini. Se dignifica en el signo de Tauro en el que se encuentra dicha constelación.

Como este, sus antepasados también pueden tener algunas historias que hablan de algo que está conectado con la astrología.

Aparte de la lectura astrológica de los cuerpos celestes, las estrellas en el cielo crean la base de los diferentes cuentos populares. Las otras cosas significativas en Astrología son el calendario lunisolar, el calendario de los 60 años y los elementos como la madera, la tierra, el fuego, el agua y el metal.

Hay símbolos de animales como ratas, tigres, conejos, dragones y muchos más.

Si navega por la web hoy, encontrará que hay varias historias que hablan del Sol, las estrellas, etc. También puedes hablar con un astrólogo si quieres saber más. Él o ella puede decir con todo lo que usted quiera aprender.

Usted entenderá más sobre astrología con cuentos populares. A medida que leas las historias que puedes encontrar en la web, verás que el mundo y el universo están cubiertos de misterio que sólo un astrólogo que puede explicar el misterio detrás de la astrología y estas historias.

Tipos de astrología, según la región

Desde su desarrollo, la Astrología ha seguido decayendo y reviviendo con sus nuevas ideas y conceptos. Con el paso del tiempo, ya existían muchas interpretaciones sobre los aspectos de la vida que tienen que ver con la astrología. Procedían de diferentes regiones que han sido muy influenciadas y la han acogido totalmente. Cada sistema zodiacal es único en sus características, que han sido tomadas de las antiguas civilizaciones.

> **Astrología Indonesia**

Se ha desarrollado durante la antigua civilización indonesia y sigue siendo popular en la generación actual. El horóscopo javanés se ha distinguido por la superposición del ciclo semanal occidental de 7 días y el Pasarán indonesio de 5 días.

> ### *Astrología Africana*

El origen de la astrología africana puede remontarse al desarrollo de la antigua civilización africana. Su astrología se ha basado en la "Geomancia" que es la forma de adivinación, teniendo figuras compuestas de huesos lanzados al azar. Como resultado, se forman flechas y líneas.

> ### *Astrología Árabe*

Se trata de una gran forma astrológica que indica las características árabes según la fecha de nacimiento. La astrología árabe da pistas perspicaces sobre los deméritos y los méritos de varios signos. Esto también es llamado como la Astrología Persa, que pertenece a las formas astrológicas más antiguas.

> ### *Astrología Tibetana*

La astrología ha sido considerada como parte de las cinco ciencias tradicionales del Tíbet. La Astrología Tibetana se había originado hace unos mil años. Tenía sus raíces en otras tradiciones como las religiones china, india y local Bon.

➤ *Astrología Birmana*

La astrología desempeña un papel crucial en la vida de los birmanos. Esto sirve como la base del signo de nacimiento de la persona que conoce su patrón de comportamiento y personalidad. Los 8 signos zodiacales de Birmania tienen sus puntos cardinales: suroeste, sudeste, noreste, oeste, noroeste, norte, este y sur.

➤ *Astrología de los Nativos Americanos*

Los nativos americanos creyeron en la astrología durante muchos siglos. Desarrollaron el sistema de astrología terrestre. Su año se ha dividido en 12 signos del zodiaco, cada uno de los cuales lleva el nombre de un animal.

➤ *Astrología Australiana*

La Astrología Australiana ha sido una herramienta interactiva que revela las características animales de los australianos según su fecha de nacimiento. Da pistas perspicaces con respecto a los deméritos y los méritos de tales signos.

> ➤ ***Mansiones lunares árabes***

Este sistema es parte de las famosas prácticas místicas. Una cosa interesante de esta lectura es su enfoque único en la interpretación de las posiciones de las luminarias, asteroides y planetas.

Estas son sólo algunas de las regiones que ofrecen diferentes sistemas astrológicos e interpretaciones. Existen más conceptos astrológicos y será muy interesante aprender sobre ellos.

Conclusión

Hay más conceptos y hechos que la gente debería profundizar para entender completamente cómo funciona realmente la astrología. Por otro lado, los críticos y proponentes habían expresado su propia comprensión y percepción de la astrología. De hecho, los escépticos consideraban la astrología como pseudociencia.

> ***La teoría***

Los científicos creían que la teoría astrológica subyacente no tiene suficiente apoyo probatorio y es imposible. No hay fuerza que pueda causar que las cosas celestiales afecten la vida de los humanos, justo lo que los astrólogos afirmaron. Tal fuerza no puede trabajar de una manera que la astrología está describiendo. Esto se debe a que la astrología se ha basado en una falsa comprensión de las posiciones y tamaños de los cuerpos celestes.

En astrología, la influencia de los cuerpos celestes está menos o más uniformemente extendida entre los objetos celestiales muy obvios que son visibles a simple vista. Cuando un objeto aparece más brillante o se mueve de la manera interesante, esto tiende a tener más significado. La gente había aprendido que tales objetos percibidos como más cercanos, más grandes, más activos o más brillantes no son realmente necesarios en algunos aspectos de la vida.

> ***La evidencia***

Los astrólogos afirmaron que la astrología realmente funciona, incluso si los científicos dicen que no puede. El argumento se centra en el conocimiento científico que es incompleto. Los científicos no entienden por qué o cómo funciona la astrología.

De la misma manera que la astrología

ha sido científica, viene con un marco bien definido y razonable que puede predecir resultados consistentes, comprobables y claros. Por ejemplo, la astrología predijo que los individuos que han nacido en tales momentos y bajo tales condiciones estarán compartiendo los mismos rasgos de personalidad. Pero cuando se realizaron los estudios de los rasgos, no se encontró ninguna correlación. En cuanto a la fecha, las investigaciones continuaron afirmando los rasgos de personalidad que se extienden al azar en los signos estelares.

Una predicción más de la teoría astrológica es sobre el astrólogo consumado que debe emparejar a las personas con las cartas natales. Para poder probarlo, a los astrólogos se les han presentado series de cartas natales al azar y sujetos de prueba. Luego se les pidió que compararan el tema en la tabla. Hasta la fecha, ha habido estudios que han demostrado la capacidad de hacer esto mejor en comparación con el azar.

La prueba hecha para la astrología como hipótesis científica puede proporcionar un impacto diferente entre diferentes personas. Los astrólogos en ejercicio necesitan prepararse para aceptar esta evidencia. Sin embargo, van a seguir explicando con justificación. La astrología ha sido objeto de muchos ataques de diversos críticos y varios conceptos sobre ella permanecieron como una teoría.

Algunos astrólogos posteriores habían modificado, extendido y refinado la doctrina de otros científicos y críticos. Incluso se les ocurrieron pautas sobre la manera correcta de interpretar las influencias celestiales en algunas preocupaciones, como los matrimonios. Incluso los reformadores religiosos también habían expresado cómo ven la astrología en sus percepciones personales.

Cualquier cosa que la gente sepa sobre astrología, siempre es importante tener un buen control de sus creencias hacia este concepto. No significa necesariamente que tengan que creer totalmente o estar en desacuerdo con la información que contiene. Dado que la astrología se centra en la personalidad y el desarrollo de la vida, puede ser útil de alguna manera. Esto puede servir como guía de la gente en sus encuentros diarios hacia la relación, el trabajo, el desarrollo personal, la salud, el comportamiento y más.

Las personas interesadas en estudiar el arte de la astrología y los conceptos misteriosos acerca de ella, deben continuar buscando respuestas factuales y detalles. Deben comprender y profundizar en fuentes y personas confiables. Mientras tanto, el conocimiento básico sobre astrología añadirá color a la vida de las personas.

Un fuerte abrazo, tu amigo, Jorge!

Por cierto, te recomiendo mucho, si

deseas aprender a como mejorar tu espiritualidad personal y emocional, mi libro, sobre "COMO AUMENTAR TU ESPIRITUALIDAD EMOCIONAL Y PERSONAL", es un libro que estoy seguro de que te ayudara mucho en tu camino del "crecimiento personal, emocional y espiritual".

Sin más dilación, puedes encontrarlo en el buscador de Amazon, como: "Como aumentar tu espiritualidad emocional y personal" ó buscando mi nombre, como: "Jorge O. Chiesa".

www.ingramcontent.com/pod-product-compliance
Lightning Source LLC
Chambersburg PA
CBHW051204170526
45158CB00005B/1818